¿Cómo empezó todo?

Biblioteca Stephen Hawking

Stephen Hawking
¿Cómo empezó todo?
Breves respuestas, grandes preguntas

Prólogo de José Manuel Sánchez Ron

Traducción de David Jou Mirabent

 Planeta

La lectura abre horizontes, iguala oportunidades y construye una sociedad mejor.
La propiedad intelectual es clave en la creación de contenidos culturales porque
sostiene el ecosistema de quienes escriben y de nuestras librerías.
Al comprar este libro estarás contribuyendo a mantener dicho ecosistema vivo y
en crecimiento.
En **Grupo Planeta** agradecemos que nos ayudes a apoyar así la autonomía creativa
de autoras y autores para que puedan seguir desempeñando su labor.
Dirígete a CEDRO (Centro Español de Derechos Reprográficos) si necesitas
fotocopiar, escanear, distribuir o poner a disposición algún fragmento de esta obra
(www.cedro.org; 91 702 19 70 / 93 272 04 45).
Queda expresamente prohibida la utilización o reproducción de este libro o de
cualquiera de sus partes con el propósito de entrenar o alimentar sistemas o
tecnologías de inteligencia artificial.

Título original: *Brief Answers To The Big Questions. How Did It All Begin?*

© The Estate of Stephen Hawking, 2018
© del prólogo, José Manuel Sánchez Ron, 2026
© de la traducción, David Jou Mirabent, 2018
© Editorial Planeta, S. A., 2026
   Avda. Diagonal, 662-664, 08034 Barcelona (España)
   www.planetadelibros.com

Diseño de la cubierta: Booket / Área Editorial Grupo Planeta
Ilustración de la cubierta: Shutterstock
Primera edición en Colección Booket: febrero de 2026

Depósito legal: B. 316-2026
ISBN: 978-84-08-31571-1
Impreso en España

Biografía

Stephen Hawking (Oxford, 1942 – Cambridge, 2018) ocupó la cátedra Lucasiana de Matemáticas que en otro tiempo ostentó Newton en la Universidad de Cambridge. Reconocido universalmente como uno de los más grandes físicos teóricos del mundo, el profesor Hawking escribió, pese a sus enormes limitaciones físicas, docenas de artículos que suponen en conjunto una aportación a la ciencia que aún no somos capaces de evaluar adecuadamente. A sus primeras obras de divulgación, *Historia del tiempo. Del big bang a los agujeros negros* (Crítica, 1988) y *El universo en una cáscara de nuez* (Crítica, 2002), se le suman *Brevísima historia del tiempo* (Crítica, 2005) y *El gran diseño* (Crítica, 2010) —escritas con Leonard Mlodinow—, las antologías *A hombros de gigantes* (Crítica, 2003), la edición ilustrada de esta última obra (Crítica, 2004), *Dios creó los números* (Crítica, 2006), *La gran ilusión* (Crítica, 2008), *Los sueños de los que está hecha la materia* (Crítica, 2011), su autobiografía, *Breve historia de mi vida* (Crítica, 2014), las conferencias emitidas en la BBC, recopiladas en *Agujeros negros* (Crítica, 2017), y su última obra, *Breves respuestas a las grandes preguntas* (Crítica, 2018), publicada de forma póstuma.

Índice

PRÓLOGO

La ciencia, o las diferentes ciencias, nos ilustran acerca de lo que existe en la naturaleza, cuáles son sus estructuras y cómo se comportan y se relacionan entre sí, incluido «el hogar» de esos contenidos: el universo.

Nosotros, los humanos, los creadores de dicha ciencia, no nos quedamos al margen. Gracias al conocimiento científico hemos aprendido mucho sobre la composición y el funcionamiento de nuestros cuerpos, aunque todavía no todo, como pasa con el cerebro. También hemos descubierto bastantes datos sobre nosotros y nuestros orígenes, que nos hermanan con la historia de toda la vida de la Tierra, tanto de la actual como de la pasada. Para lograr todo esto, ha sido y continúa siendo imprescindible mirar, observar lo que hay y lo que sucede ahí fuera. Dado que esta tarea va más allá de nuestras limitadas posibilidades físicas, hemos ideado y construido instrumentos que nos permiten subsanar tales limitaciones.

Si miramos al pasado, a la historia de la ciencia, debemos sentirnos orgullosos, pero al mismo tiempo conscientes de que su fin todavía está muy lejos, si es que alguna vez lo llegamos a alcanzar. Existen preguntas absolutamente fundamentales cuyas respuestas posiblemente se encuentren fuera de nuestras posibilidades conceptuales. A la cabeza de estas se halla la cuestión de la existencia del universo, o de los universos, pues son cada vez más los que se suman a la idea de que existen muchos, como se explica en la teoría del multiverso, que deriva de la tesis doctoral que presentó Hugh Everett III en 1957 en la Universidad de Princeton.

En esencia, Everett rechazó la conocida interpretación de Copenhague de la mecánica cuántica, según la cual, antes de que un sistema cuántico sea observado, está formado por todas las situaciones posibles de sí mismo, y solo cuando se realiza una observación se concreta, con una cierta probabilidad, en una de ellas. Everett, en cambio, defendió la idea de que todos los estados que existían en el sistema aún no observado no dejan de existir por mucho que se lo observe, aunque entonces cada uno se ubica en un universo propio. Durante muchos años, la teoría de Everett apenas recibió atención, pero terminó revitalizándose después en formatos y contextos diferentes.

Stephen Hawking (1942-2018) fue uno de los que se adentraron en esos territorios, considerando la posibilidad de la existencia de otros universos. El inicio del camino que lo llevó a tomar en serio esta idea se produjo durante una reunión organizada por la Pontificia Academia de las Ciencias entre el 28 de septiembre y el 2 de octubre de 1981. Dedicada a la cosmología y la física fundamental, y abierta con una alocución del papa Juan Pablo II, en ella participaron algunos de los astrofísicos y físicos más importantes de aquel tiempo. Entre ellos se contaban Martin Rees, Allan Sandage, Jan Hendrik Oort, James Peebles, Maarten Schmidt, Steven Weinberg, Dennis Sciama y Yákov Zeldóvich. La conferencia de Hawking se tituló «Las condiciones de frontera del universo», y en ella introdujo la idea de que, tal como expresó en *Breve historia del tiempo*, su célebre libro de 1988, y repite en este mismo volumen, «la condición de contorno del universo es que no tiene ninguna frontera. El universo estaría completamente autocontenido y no se vería afectado por nada que estuviera fuera de él. No sería creado ni destruido. Simplemente SERÍA».* A continuación, explicaba: «Fue en la conferencia del Vaticano donde propuse por primera vez la idea de que quizá el tiempo y el espacio

* Hawking, Stephen, *Historia del tiempo*, Austral, Madrid, 2007, p. 196.

juntos formen una superficie que sea finita en tamaño, pero que no tenga ninguna frontera ni ningún borde. Mi artículo era, sin embargo, bastante matemático, por lo que sus implicaciones sobre el papel de Dios en la creación del universo no fueron en general apreciadas en ese momento (tampoco por mí). En la época de la conferencia del Vaticano yo no sabía cómo utilizar la idea de "ninguna frontera"».

Para hacerse una idea de que el texto de su conferencia era, como él mismo lo describe, «bastante matemático», basta con citar su último párrafo:[*]

Resumiendo: debido a las fluctuaciones cuánticas en la estructura causal del espacio-tiempo, no es suficiente imponer condiciones de contorno a la singularidad del Big Bang, incluso si pudieran estar bien definidas allí. Para superar esta dificultad, advocaré el enfoque de la gravedad cuántica en el que la integral de camino se evalúa sobre métricas definidas positivas. Si uno utiliza métricas compactas, entonces se libra de la necesidad de condiciones de contorno específicas para el universo.

[*] Idem, «The boundary conditions of the universe», en H. A. Brück, G. V. Coyne y M. S. Longair (eds.), *Astrophysical Cosmology. Proceedings of the Study Week on Cosmology and Fundamental Physics*, Pontificia Academia Scientiarum, Ciudad del Vaticano, 1982, p. 572.

Finalmente, Hawking encontró cómo utilizar la condición de ninguna frontera, pero lo hizo introduciendo un elemento extraño para nuestros modos de pensar: un tiempo imaginario —que también menciona en las páginas que siguen—, descrito por magnitudes pertenecientes al conjunto de los números complejos. Si Einstein había sustituido el espacio absoluto de Newton por un espacio relativo que depende del estado de movimiento de quien lo mide, Hawking dio un paso más al desposeer al tiempo de su condición, digamos, intuitivamente cronométrica, expresada en números reales.

Y de aquí viene la relación de la condición de ninguna frontera a los multiversos. «Basado en la propuesta de no frontera —escribió en «Sixty years in a nutshell», artículo incluido en el libro colectivo *The Future of Theoretical Physics and Cosmology* (2003), que se le dedicó cuando cumplió sesenta años—, representé el universo como la formación de burbujas de vapor en agua hirviendo. Las fluctuaciones cuánticas conducían a la creación espontánea de pequeños universos a partir de la nada. La mayoría de los universos colapsan y desaparecen, pero unos pocos alcanzan un tamaño crítico, expandiéndose de manera inflacionaria formando galaxias y estrellas, y tal vez seres como nosotros.»*

---

* Idem, «Sixty years in a nutshell», en W. Gibbons, E. P. S. Shellard y S. J. Rankin (eds.), *The Future of Theoretical Physics*

En el presente libro, Hawking dice lo mismo de una forma aún más transparente: «Las leyes de la naturaleza nos dicen que el universo no solo podría haber aparecido sin ayuda, tal como un protón, sin haber requerido nada en términos de energía, sino también es posible que nada haya causado el Big Bang. Nada».

En la cita tomada de «Sixty years in a nutshell», Hawking mencionaba las fluctuaciones cuánticas y la inflación. Las primeras derivan del principio de incertidumbre que Werner Heisenberg formuló en 1927, que permite la creación y la aniquilación —efímeras, eso sí, durante instantes extremadamente breves— de pares de partículas en el vacío. Se trata de una de las sorprendentes consecuencias de la mecánica cuántica, la de que el vacío no está en realidad vacío.

La inflación es la teoría que postula que el universo experimentó una aceleración ultrarrápida en sus primeros instantes de vida, es decir, después del Big Bang. Propuesta de manera independiente por Alan Guth (1981) y Andréi Linde (1982), esta teoría evitaría que se desarrollasen inhomogeneidades en la estructura del universo, que habrían provocado que tuviese una forma muy distinta de la que conocemos. En otro de sus libros de carácter divulgativo, *El universo en una cás-*

---

and Cosmology, Cambridge University Press, Cambridge 2003, pp. 116-117.

cara de nuez (2001), Hawking volvió a referirse a la creación de universos, pero enmarcándolos en una teoría que pretendía unir las diferentes versiones de las teorías de supercuerdas, que son las candidatas a reunir en un mismo marco las cuatro fuerzas fundamentales: la nuclear fuerte, la nuclear débil, la electromagnética y la gravitacional. Se trataba, en definitiva, de una teoría del todo, que él denominó «teoría M», en la que introdujo las nociones de universos membrana, superficies y membranas cuatridimensionales en un espacio-tiempo de dimensionalidad más elevada:*

El comportamiento de los universos membrana sería parecido. El principio de incertidumbre permitiría que se formaran universos membrana a partir de la nada, como burbujas cuya superficie sería la membrana y cuyo interior sería el espacio de dimensionalidad superior. Las burbujas muy pequeñas tenderían a colapsarse de nuevo y a desaparecer, pero es probable que las que crecieran, por fluctuaciones cuánticas, por encima de un cierto tamaño crítico siguieran creciendo. La gente que, como nosotros, viviera en la membrana (la superficie de la burbuja) creería que el universo se está expandiendo. Sería como pintar galaxias en la superficie de un globo y

* Idem, *El universo en una cáscara de nuez*, Crítica, Barcelona, 2002, p. 195.

soplarlo. Las galaxias se separarían, pero ninguna de ellas correspondería al centro de la expansión. ¡Esperemos que ninguna aguja cósmica pinche el globo!

Si Copérnico nos alejó del centro del universo y Darwin nos enseñó que no somos una especie única, central en la historia de la vida, la posible existencia de otros universos nos alejaría aún más de cualquier idea de centralidad.

¿HAY UN DIOS? ¿CÓMO EMPEZÓ TODO?

En lo que he explicado anteriormente sobre las ideas y aportaciones de Stephen Hawking aparecen con claridad algunas de las grandes preguntas que cualquier persona podría hacerse en un momento u otro de su vida, por ejemplo: cómo surgió el universo y por qué existe.

La teoría del Big Bang, surgida de las observaciones que realizó a finales de la década de 1920 el astrónomo estadounidense Edwin Hubble en colaboración con Milton Humason, es en la actualidad uno de los pilares de la cosmología. Esta ha sido corroborada especialmente por la observación del fondo de radiación de microondas, la radiación fósil de aquel inimaginable estallido, que Arno Penzias y Robert Wilson observaron en 1965. Si entendemos que el fin primordial de la ciencia —de la física, en este caso— es establecer puntos de partida de los que se deducen hechos comprobables experimentalmente, el Big Bang se ajusta a dicho modelo metodológico, pues de él derivan multitud de observaciones. Sin embargo, es evidente que por mucho que explique, no nos deja satisfechos, pues seguimos preguntándonos cómo y por qué se produjo, y de dónde surgió ese estallido.

Tres físicos y cosmólogos instalados en Cambridge en 1948 —Fred Hoyle, por un lado, y Hermann Bondi y Thomas Gold, por otro— se tomaron en serio la posibilidad de que el universo no hubiera tenido ni un principio ni un final.* La cosmología que propusieron, conocida como «teoría del estado estacionario», sostiene que el universo siempre ha tenido y tendrá la misma forma. Esto implica que su densidad de materia debe permanecer constante, y como las observaciones mostraban que el universo se expande, esta constancia obligaba a suponer una continua creación de materia, de modo que cualquier volumen de espacio conservara

* Hoyle, Fred, «A new model for the expanding universe», *Monthly Notices of the Royal Astronomical Society 108* (1948), pp. 372-382; Bondi, Hermann, y Thomas Gold, «The Steady-State theory of the expanding universe», *Monthly Notices of the Royal Astronomical Society 108* (1948), pp. 252-270.

siempre el mismo contenido, a pesar de estar dilatándose. De este modo, el universo nunca tuvo un principio ni tendrá un final.

Esta cosmología ejerció una gran influencia durante la década de 1950, pero al final fue socavada con la llegada de la radioastronomía (en la que destacaron inicialmente las antenas de Cambridge, dirigidas por Martin Ryle) y, definitivamente, con el descubrimiento del fondo de radiación de microondas. Para las cuestiones que Hawking trató, resulta relevante recordar una frase que incluyó Hoyle en su artículo «A new model for the expanding universe», publicado en la revista *Monthly Notices of the Royal Astronomical Society*: «Es contrario al espíritu de la indagación científica considerar que efectos observables surgen de causas desconocidas para la ciencia, y esto es en principio lo que implica la creación en el pasado». Es decir, la teoría del Big Bang.

Stephen Hawking también se formuló las preguntas que he mencionado, a las que dedicó las páginas de este libro y que trató de contestar muy someramente desde la ciencia, la física, la astrofísica y la cosmología, disciplinas hermanas a las que con tanta distinción y originalidad contribuyó, especialmente a la física de los agujeros negros. Se esforzó por acercar sus ideas de maneras más accesibles, adaptándolas, refiriéndolas a temas que han acompañado a la humanidad desde que se constituyó como tal. Y una de ellas es la de Dios como creador.

Al plantearse dichas cuestiones se unió a otros científicos, como por ejemplo Isaac Newton y Albert Einstein. Estos son considerados los dos físicos más importantes de la historia, y se puede decir que Hawking estuvo emparentado con ellos por sus contribuciones a la ciencia, al estudio del universo. Además, no debemos olvidar la famosa respuesta que Laplace dio a Napoleón cuando este le preguntó cómo es que había escrito el *Traité de mécanique céleste*, cuyo primer tomo se publicó en 1798, que se ocupaba del sistema del mundo «sin mencionar una sola vez al autor del universo». «Sire —contestó el físico y matemático francés—, no he tenido necesidad de semejante hipótesis». Hawking sin duda compartió esa misma respuesta.

Newton, que no creía en la Trinidad, pensaba que solo existía un Dios y que el objetivo último de la ciencia no era otro que llegar a él. Así, en una de las cuestiones que incluyó en su gran libro *Opticks* (1704), decía: «El objetivo básico de la filosofía natural —es decir, la ciencia— es argumentar a partir de los fenómenos, sin imaginar hipótesis, y deducir las causas a partir de los efectos hasta alcanzar la primerísima causa que ciertamente no es mecánica». Mediante la expresión «que ciertamente no es mecánica» quería decir divina, de Dios. En apariencia, este propósito lo guio incluso en la composición de su obra magna, *Philosophiae Naturalis Principia Mathematica* (1687), o al menos eso fue lo que él mismo señaló en una carta que escribió el 10 de diciembre de 1692 a Richard Bentley, a quien se debe el hecho de que Newton autorizara la publicación de una segunda edición de los *Principia* (1713), que aquí se menciona:* «Cuando escribí mi tratado acerca de nuestro sistema tenía puesta la vista en aquellos principios que pudiesen llevar a las personas a creer en la divinidad, y nada me alegra más que hallarlo útil a tal fin». De hecho, cerró esa segunda edición con un «escolio general» en el que pretendía poco menos que definir a Dios: «Es eterno e infinito, omnipotente y omnisciente, es decir, dura desde la eternidad hasta la eternidad y está presente desde el principio hasta el infinito: lo rige todo; lo conoce todo, lo que sucede y lo que puede suceder. No es la eternidad y la infinitud, sino eterno e infinito; no es la duración y el espacio, sino que dura y está presente. Dura siempre y está presente en todo lugar, y existiendo siempre y en todo lugar, constituye a la duración y al espacio».

Las ideas de Einstein fueron muy distintas a las de su predecesor, pero ¿qué son las teorías especial y ge-

---

* Turnbull, H. W. (ed.), *The Correspondence of Isaac Newton*, vol. III, Cambridge University Press, Cambridge, 1961, p. 233.

neral de la relatividad sino un perfeccionamiento de la teoría de la dinámica y de la gravitación universal newtonianas?

Así es como respondió el gran físico austriaco en abril de 1929 al rabino Herbert S. Goldstein cuando le preguntó si creía en Dios:* «Yo creo en el dios de Spinoza, que se revela a sí mismo en la armonía ordenada de lo que existe, no en un dios que se ocupa de los destinos y acciones de los seres humanos». Y en otra ocasión: «La experiencia más bella y profunda que pueda tener el hombre es el sentido de lo misterioso; [...] es percibir que tras lo que podemos experimentar se oculta algo inalcanzable a nuestros sentidos, algo cuya belleza y sublimidad se alcanza solo indirectamente y a modo de pálido reflejo, es religiosidad. En este sentido, yo soy religioso».

Las ideas de Hawking eran parecidas a las de Einstein, como muestran las siguientes palabras, que escribió en el libro al que precede este prólogo:

Podríamos definir a Dios como la encarnación de las leyes de la naturaleza. Sin embargo, esto no es lo que la mayoría de las personas piensan de Dios. Dios significa

* Citado en Kormos Buchwald, Diana, y Tilman Sauer (eds.), *The Essential Einstein. Public Writings*, Princeton University Press, Princeton, 2025, pp. 183-184.

para ellas un ser parecido a los humanos, con quien podemos relacionarnos personalmente. Cuando miramos la inmensidad del universo, y consideramos cuán insignificante y accidental es en ella la vida humana, eso parece muy inverosímil.

No poco cargado de humor está otro de los comentarios que también se pueden leer en el presente libro:

La pregunta es: la manera como empezó el universo, ¿fue escogida por Dios por razones que no podemos comprender, o fue determinada por una ley de la ciencia? Creo lo segundo. Si quiere, puede llamar «Dios» a las leyes de la ciencia, pero no sería un Dios personal al que pudiera encontrar y preguntarle. Aunque si hubiera un Dios de ese tipo, me gustaría plantearle cómo se le ocurrió una cosa tan complicada como la teoría M de once dimensiones.

Y de forma aún más rotunda:

Cuando la gente me pregunta si un Dios ha creado el universo, les digo que la pregunta no tiene sentido. Antes del Big Bang el tiempo no existía, y por lo tanto no había un tiempo en el que Dios pudiera hacer el universo.

Charles Darwin, cuya teoría de la evolución de las especies hizo que nunca más nos considerásemos como una especie de origen privilegiado, también reflexionó sobre la existencia o no de un Dios. En la sección «Creencia religiosa» de su autobiografía, que su hijo Francis eliminó al publicarla póstumamente (aunque sería recuperada en la segunda mitad del siglo XX), recordaba épocas en las que, al contemplar la grandeza de la selva brasileña, se sentía interpelado hacia el «firme convencimiento de la existencia de Dios y de la inmortalidad del alma». Tiempo después, el autor de *El origen de las especies* (1859) escribía, ya próximo a su muerte:* «No concibo que esas convicciones y sentimientos íntimos tengan valor alguno como evidencia de lo que realmente existe. El estado mental que las escenas grandiosas despertaban en mí años atrás, y que estaba íntimamente relacionado con la creencia en Dios, no difería en su esencia de lo que a menudo denominamos "sentido de lo sublime"; y por difícil que sea explicar el origen de este sentido, mal puede ofrecerse como un argumento a favor de la existencia de Dios; pues no lo es más que poderosos, aunque indefinidos sentimientos similares evocados por la música».

* Darwin, Charles, *Autobiografía*, Laetoli, Pamplona, 2008, p. 81.

Desde semejantes perspectivas, que en esencia Hawking compartió, se pueden comprender mejor las palabras que Steven Weinberg incluyó en su famoso libro *Los tres primeros minutos del universo* (1977):* «Cuanto más comprensible parece el universo, tanto más desprovisto de sentido parece también. Pero si no hay consuelo en los frutos de la ciencia, hay al menos cierto consuelo en la ciencia misma. [...] El esfuerzo por entender el universo es una de las muy escasas cosas que eleva la vida humana un poco por encima del nivel de la farsa y le confiere algo de la gracia de la tragedia».

En esos esfuerzos por comprender el universo participó Stephen Hawking. Y lo hizo con gran distinción, aunque fuera plenamente consciente de lo efímero de la vida de los humanos. En el texto que sigue a estas líneas lo expresó con tanta claridad como dignidad:

¿Tengo fe? Todos somos libres de creer en lo que queramos, y mi opinión es que la explicación más simple es que no hay Dios. Nadie creó el universo y nadie dirige nuestro destino. Eso me lleva a una profunda comprensión: probablemente no haya cielo ni vida futura. Opino que creer en otra vida es tan solo una ilusión. No hay

* Weinberg, Steven, *Los tres primeros minutos del universo*, Alianza Editorial, Madrid, p. 217.

evidencia fiable de ella y va en contra de todo lo que sabemos en ciencia. Creo que cuando morimos volvemos a ser polvo. Pero hay un sentido en aquello que vivimos, en nuestra influencia y en los genes que transmitimos a nuestros hijos. Tenemos esta única vida para apreciar el gran diseño del universo, y me siento extremadamente agradecido por ello.

En otras palabras: polvo de estrellas somos, y en polvo cósmico nos convertiremos.

JOSÉ MANUEL SÁNCHEZ RON
Miembro de la RAE y catedrático emérito
de Historia de la Ciencia

¿HAY UN DIOS?

La ciencia responde cada vez más a preguntas que solían formar parte de la religión. La religión fue un intento temprano de responder las preguntas que todos nos hacemos: ¿Por qué estamos aquí? ¿De dónde venimos? Hace mucho tiempo, la respuesta casi siempre era la misma: todo lo habían hecho los dioses. El mundo era un lugar aterrador, por lo que incluso personas tan curtidas como los vikingos creían en seres sobrenaturales para dar sentido a fenómenos naturales como rayos, tormentas o eclipses. Hoy en día, la ciencia proporciona respuestas mejores y más consistentes, pero las personas siempre se aferrarán a la religión, porque proporciona consuelo, y porque no confían ni entienden la ciencia.

Hace unos pocos años, el periódico *The Times* publicó un titular en primera página que decía «"No hay

Dios", dice Hawking». El artículo iba ilustrado. Dios era mostrado en un dibujo de Leonardo da Vinci con un aspecto atronador. Publicaron una foto mía, en que parecía un petulante. Hicieron que aquello pareciera un duelo entre nosotros dos. Sin embargo, no tengo ningún resentimiento hacia Dios. No quiero dar la impresión de que mi trabajo trata de demostrar o refutar su existencia. Mi trabajo consiste en intentar hallar un marco racional para comprender el universo que nos rodea.

Durante siglos, se creyó que las personas discapacitadas como yo vivían bajo una maldición divina. Bueno, supongo que tal vez haya molestado a alguien de un más allá, pero prefiero pensar que todo se puede explicar de otra manera, mediante las leyes de la naturaleza. Si creemos en la ciencia, como yo creo, creemos que hay ciertas leyes que siempre se obedecen. Si lo deseamos, podemos decir que dichas leyes son obra de Dios, pero eso es más bien una definición de Dios que una demostración de su existencia. Alrededor del 300 a. C., un filósofo llamado Aristarco se sentía fascinado por los eclipses, especialmente los eclipses de Luna. Fue lo suficientemente valiente como para cuestionar si realmente eran causados por dioses. Aristarco fue un verdadero pionero científico, que estudió cuidadosamente los cielos y llegó a una conclusión audaz: se dio cuenta de que el eclipse era en realidad la sombra de la Tierra que pasa sobre la Luna, y no un evento divino. Liberado por este descubrimiento, consiguió resolver lo que realmente estaba pasando por encima de su cabeza, y trazó diagramas que mostraban la relación del Sol, la Tierra y la Luna. Desde ahí llegó a conclusiones aún más notables: dedujo que la Tierra no era el centro del universo, como todos habían pensado hasta entonces, sino que gira alrededor del Sol. De hecho, entender esa disposición explica todos los eclipses. Cuando la Luna proyecta su sombra sobre la Tierra, se produce un eclipse solar, y cuando la Tierra hace sombra a la Luna, se da un eclipse lunar. Pero Aristarco fue aún más lejos. Sugirió que las estrellas no eran orificios en el piso de cielo, como sus contemporáneos creían, sino que eran otros soles, como el nuestro, solo que muy lejanos. ¡Qué sorprendente debe haber resultado esa idea! El universo es una máquina gobernada por principios o leyes, unas leyes que pueden ser entendidas por la mente humana.

Creo que el descubrimiento de esas leyes ha sido el mayor logro de la humanidad, porque son esas leyes de la naturaleza, como ahora las llamamos, las que nos dirán si hace falta realmente un dios para explicar el universo. Las leyes de la naturaleza son una descripción de cómo las cosas funcionan realmente en el pasado, el presente y el futuro. En el tenis, la pelota siempre va exactamente donde las leyes dicen que irá. Y hay muchas otras leyes en juego, que gobiernan todo lo que pasa, desde cómo se produce la energía del lanzamiento en los músculos de los jugadores hasta la velocidad con que la hierba crece bajo sus pies. Pero lo que realmente importa es que esas leyes físicas, además de ser inmutables, son universales. Se aplican no solo al vuelo de una pelota, sino al movimiento de un planeta y de todo lo demás en el universo. A diferencia de las leyes promulgadas por los humanos, las leyes de la naturaleza no se pueden transgredir, por eso son tan poderosas, y también tan controvertidas cuando se consideran desde una perspectiva religiosa.

Si se acepta, como yo lo hago, que las leyes de la naturaleza son fijas, no tardamos en preguntarnos: qué papel queda para Dios. En eso estriba una gran parte de la contradicción entre la ciencia y la religión, y aunque mis puntos de vista han sido noticia, en realidad es un conflicto antiguo. Podríamos definir a Dios como la encarnación de las leyes de la naturaleza. Sin embargo, esto no es lo que la mayoría de las personas piensan de Dios. Dios significa para ellas un ser parecido a los humanos, con quien podemos relacionarnos personalmente. Cuando miramos la inmensidad del universo, y consideramos cuán insignificante y accidental es en ella la vida humana, eso parece muy inverosímil.

Utilizo la palabra Dios en un sentido impersonal, como lo hacía Einstein, para designar las leyes de la naturaleza, por lo cual conocer la mente de Dios es conocer las leyes de la naturaleza. Mi predicción es que conoceremos la mente de Dios para el final de este siglo.

Un campo restante que la religión puede reclamar todavía para sí es el origen del universo; pero incluso aquí la ciencia está progresando, y pronto debería proporcionar una respuesta definitiva a cómo comenzó el universo. Publiqué un libro en que me preguntaba si Dios creó el universo y que causó cierto revuelo. La gente se enojó de que un científico tuviera algo que decir sobre asuntos de la religión. No deseo decir a nadie lo que debe creer, sino que me pregunto si la existencia de Dios es una pregunta válida para la ciencia. Al fin y al cabo, es difícil pensar un misterio más importante o fundamental que qué, o quién, creó y controla el universo.

Creo que el universo fue creado espontáneamente de la nada, según las leyes de la ciencia. La suposición básica de la ciencia es el determinismo científico. Las leyes de la ciencia determinan la evolución del universo, dado su estado en un momento concreto. Esas leyes pueden, o no, haber sido decretadas por Dios, pero este no puede intervenir para transgredirlas, o no serían leyes. Eso deja a Dios la libertad de elegir el estado inicial del universo, pero incluso aquí, parece que pueda haber leyes. Si fuera así, Dios no tendría ninguna libertad.

A pesar de la complejidad y variedad del universo, resulta que para construirlo se necesita tan solo tres ingredientes. Imaginemos que pudiéramos enumerarlos en algún tipo de libro de cocina cósmico. Entonces, ¿cuáles son los tres ingredientes necesarios para cocinar un universo? El primero es materia —cosas que tienen masa—. La materia está a nuestro alrededor, en el suelo debajo de nuestros pies y alrededor nuestro en el espacio. Polvo, roca, hielo, líquidos. Grandes nubes de gas, enormes galaxias espirales, cada una conteniendo miles de millones de soles, extendiéndose a distancias increíbles.

Lo segundo que se necesita es energía. Incluso si nunca lo hemos pensado, todos sabemos qué es la energía. Es algo que encontramos todos los días. Miramos al sol y podemos sentirla en nuestra cara: energía producida por una estrella a ciento cincuenta millones de kilómetros de distancia. La energía impregna el universo e impulsa los procesos que hacen de él un lugar dinámico e incesantemente cambiante.

Tenemos pues materia y energía. La tercera cosa necesaria para construir un universo es espacio, mucho espacio. Podemos calificar el universo de muchas maneras: impresionante, hermoso, violento, pero algo que no le podemos llamar es estrecho. Donde quiera que miremos vemos espacio, más espacio y aún más espacio, estirándose en todas las direcciones. Es literalmente mareador. Entonces, ¿de dónde podría venir toda esa materia, energía y espacio? No teníamos ni idea hasta el siglo XX.

La respuesta vino de la perspicacia de un hombre, probablemente el científico más notable que haya vivido jamás. Su nombre era Albert Einstein. Lamentablemente, no llegué a conocerlo, ya que murió cuando yo tenía tan solo trece años. Einstein se dio cuenta de algo bastante notable: que dos de los principales ingredientes necesarios para hacer un universo, masa y energía, son básicamente lo mismo, dos lados de la misma moneda. Su famosa ecuación $E = mc^2$ simplemente significa que la masa puede ser considerada como un tipo de energía, y viceversa. Entonces, en lugar de tres ingredientes, podemos decir ahora que el universo tiene solo dos: energía y espacio. Entonces, ¿de dónde vienen toda esa energía y todo ese espacio? La respuesta se encontró después de décadas de investigación científica: espacio y energía se inventaron espontáneamente en un acontecimiento que ahora llamamos el Big Bang.

En el momento del Big Bang, comenzó a existir el universo entero, y con él el espacio. Todo se expandió, como un globo que estuviera siendo hinchado. Pero ¿de dónde vinieron toda esa energía y todo ese espacio? ¿Cómo puede simplemente aparecer de la nada todo un universo lleno de energía, la increíble inmensidad del espacio, y todo lo que hay en él?

Para algunos, es aquí donde Dios vuelve a escena. Fue Dios quien creó la energía y el espacio. El Big Bang fue el momento de la creación. Pero la ciencia cuenta una historia diferente. A riesgo de buscarme problemas, creo que podemos entender mucho mejor la naturaleza de los fenómenos que aterrorizaron a los vikingos. Incluso podemos ir más allá de la hermosa simetría de energía y materia descubierta por Einstein. Podemos usar las leyes de la naturaleza para abordar el origen del universo y descubrir si la existencia de Dios es la única manera de explicarlo.

Después de la segunda guerra mundial, en Inglaterra, mientras yo crecía, hubo una época de austeridad. Se nos dijo que nunca se obtiene algo a cambio de nada. Pero ahora, después de toda una vida de trabajo, creo que en realidad podemos obtener gratuitamente todo un universo.

El gran misterio central del Big Bang es explicar cómo todo un universo increíblemente enorme en espacio y en energía puede materializarse de la nada. El secreto está en uno de los hechos más extraños de nuestro cosmos. Las leyes de la física exigen la existencia de algo llamado «energía negativa».

Para avanzar en este concepto extraño pero crucial, permítanme recurrir a una analogía sencilla. Imaginemos que alguien quiere construir una colina en un terreno plano. La colina representará el universo. Para hacer esa colina, cava un hoyo en el suelo y usa su tierra para hacer la colina. Pero, por supuesto, no solo está haciendo una colina, también está haciendo un agujero, una versión negativa de la colina. Lo que había antes en el agujero ahora se ha convertido en la colina, por lo que en conjunto todo se equilibra perfectamente. Este es el principio subyacente a lo que sucedió al comienzo del universo.

Cuando el Big Bang produjo una gran cantidad de energía positiva, simultáneamente produjo la misma cantidad de energía negativa. De esa manera, la energía positiva y la negativa suman siempre cero. Es otra ley de la naturaleza.

Pero ¿dónde está hoy toda esa energía negativa? Está en el tercer ingrediente de nuestro libro de cocina cósmico: en el espacio. Eso puede sonar extraño, pero según las leyes de la naturaleza de la gravedad y del movimiento —leyes que se hallan entre las más antiguas de la ciencia— el espacio mismo es un gran almacén de energía negativa, suficiente para asegurar que el conjunto sume cero.

Debo admitir que, a menos que las matemáticas sean lo suyo, esto es difícil de entender, pero es verdad. La interminable red de miles de millones de galaxias atrayéndose las unas a las otras mediante la fuerza de la gravedad actúa como un dispositivo gigante de almacenamiento. El universo es como una enorme batería que almacena energía negativa. El lado positivo de las cosas, la masa y la energía que vemos hoy, es como la colina. El hoyo correspondiente, o el lado negativo de las cosas, se extiende por el conjunto del espacio.

Pero ¿qué significa esto en nuestra búsqueda para descubrir si hay un Dios? Significa que si el universo no agrega nada, entonces no necesitamos un Dios para crearlo. El universo es el almuerzo gratuito definitivo.

Como sabemos que la energía positiva y la negativa suman cero, todo lo que tenemos que hacer ahora es averiguar qué —o me atrevo a decir quién— desencadenó todo el proceso. ¿Qué podría causar la aparición espontánea de un universo? A primera vista, parece un problema desconcertante —después de todo, en la vida cotidiana las cosas no se materializan de la nada—. No podemos tomar una taza de café cuando nos apetece simplemente haciendo chasquear los dedos. Tenemos que servirnos de otras cosas como granos de café, agua y tal vez un poco de leche y azúcar. Pero si nos adentramos en esa taza de café, a través de las partículas de leche, hasta los niveles atómico y subatómico, entramos en un mundo donde conjurar algo de la nada es posible. Al menos, por un tiempo corto. Eso es porque, a esa escala, partículas como los protones se comportan de acuerdo con las leyes de la naturaleza que llamamos mecánica cuántica. Y realmente pueden aparecer al azar, durar un tiempo, desaparecer de nuevo, y reaparecer en algún otro lugar.

Como sabemos que el universo fue una vez muy pequeño —más pequeño que un protón—, eso significa algo bastante notable. Significa que el universo mismo, en toda su inmensidad y complejidad alucinantes, podría simplemente haber aparecido sin violar las leyes conocidas de la naturaleza. A partir de ese momento, se liberaron grandes cantidades de energía a medida que el espacio se expandía. Un lugar, pues, para almacenar toda la energía negativa necesaria para equilibrar las cuentas, pero, por supuesto, la pregunta crítica sigue siendo: ¿creó Dios las leyes cuánticas que permitieron que ocurriera el Big Bang? En pocas palabras, ¿hace falta un Dios para poder hacer que el Big Bang hubiera estallado? No deseo ofender a ninguna persona de fe, pero creo que la ciencia tiene una explicación más convincente que un creador divino.

La experiencia cotidiana nos hace pensar que todo lo que sucede debe ser causado por algo que ocurrió antes, de manera que nos resulta natural pensar que algo —tal vez Dios— debe haber causado que el universo llegue a existir. Pero cuando hablamos del universo como un todo, eso no es necesariamente así. Déjenme explicar. Imaginemos un río que fluye por la ladera de una montaña. ¿Qué causó el río? Bueno, tal vez la lluvia que cayó antes en las montañas. Pero ¿qué causó la lluvia? Una buena respuesta sería el sol, que brilló sobre el océano, elevó el vapor de agua hacia el cielo y formó nubes. Pero ¿qué hace que el sol brille? Bueno, si nos asomamos a su interior hallamos el proceso conocido como fusión, en la que núcleos de hidrógeno se unen para formar núcleos de helio, liberando grandes cantidades de energía en el proceso. Hasta aquí todo bien. Pero ¿de dónde viene el hidrógeno? Respuesta: del Big Bang. Sin embargo, aquí reside el aspecto crucial. Las leyes de la naturaleza nos dicen que el universo no solo podría haber aparecido sin ayuda, tal como un protón, sin haber requerido nada en términos de energía, sino que también es posible que nada haya causado el Big Bang. Nada.

La explicación se basa en las teorías de Einstein y sus ideas sobre cómo el espacio y el tiempo están fundamentalmente entrelazados en el universo. En el instante del Big Bang, algo maravilloso sucedió con el tiempo. El tiempo mismo comenzó.

Para entender esa idea alucinante, consideremos un agujero negro flotando en el espacio. Un agujero negro típico es una estrella tan masiva que se ha colapsado sobre sí misma. Es tan masiva, que ni siquiera la luz puede escapar de su gravedad, por lo cual es casi perfectamente negra. Su atracción gravitatoria es tan poderosa que no solo deforma y distorsiona la luz, sino también el tiempo. Para ver cómo, imaginemos que un reloj está siendo absorbido por el agujero negro. A medida que el reloj se va acercando al agujero negro, comienza a ir cada vez más despacio. El tiempo mismo comienza a ralentizarse. Ahora imaginemos que cuando el reloj entra en el agujero negro —suponiendo, desde luego, que pudiera resistir las fuerzas extremas de la gravitación— el tiempo en realidad se detendría, no porque el reloj se haya averiado, sino porque dentro del agujero negro el tiempo no existe. Y eso es exactamente lo que sucedió al comienzo del universo.

En los últimos cien años, hemos hecho progresos espectaculares en nuestra comprensión del universo. Ahora conocemos las leyes que rigen lo que ocurre en todas las condiciones, salvo las más extremas, como el origen del universo o los agujeros negros. Creo que el papel desempeñado por el tiempo en el principio del universo es la clave definitiva para eliminar la necesidad de un gran diseñador y para revelar cómo el universo se creó a sí mismo.

A medida que retrocedemos en el tiempo hacia el momento del Big Bang, el universo se va haciendo más y más y más pequeño, hasta que finalmente llega a un punto donde todo el universo es tan diminuto que en realidad es un agujero negro infinitesimalmente pequeño e infinitamente denso. Y al igual que ocurre con los agujeros negros que hoy flotan en el espacio, las

¿Cómo encaja la existencia de Dios en su comprensión del inicio y del final del universo? Y si Dios existiera y usted tuviera la oportunidad de encontrarse con él, ¿qué le preguntaría?

La pregunta es: la manera como empezó el universo, ¿fue escogida por Dios por razones que no podemos comprender, o fue determinada por una ley de la ciencia? Creo lo segundo. Si quiere, puede llamar «Dios» a las leyes de la ciencia, pero no sería un Dios personal al que pudiera encontrar y preguntarle. Aunque si hubiera un Dios de ese tipo, me gustaría plantearle cómo se le ocurrió una cosa tan complicada como la teoría M en once dimensiones.

leyes de la naturaleza dictan algo bastante extraordinario. Nos dicen que también aquí, el tiempo debe detenerse. No se puede llegar a un tiempo anterior al Big Bang porque antes del Big Bang el tiempo no existía. Finalmente hemos encontrado algo que no tiene una causa, porque no existía tiempo alguno en que pudiera haber una causa. Para mí eso significa que no hay posibilidad de un creador, porque no existía tiempo en el que pudiera existir un creador.

La gente quiere respuestas a las grandes preguntas, como por qué estamos aquí. No esperan que las respuestas sean fáciles y por lo tanto están preparadas para luchar un poco por ellas. Cuando la gente me pregunta si un Dios ha creado el universo, les digo que la pregunta no tiene sentido. Antes del Big Bang el tiempo no existía, y por lo tanto no había un tiempo en que Dios pudiera hacer el universo. Es como buscar cómo se va a los bordes de la Tierra: la Tierra es una esfera sin bordes, por lo cual buscarlos es un ejercicio inútil.

¿Tengo fe? Todos somos libres de creer lo que queramos, y mi opinión es que la explicación más simple es que no hay Dios. Nadie creó el universo y nadie dirige nuestro destino. Eso me lleva a una profunda comprensión: probablemente no haya cielo ni vida futura. Opino que creer en otra vida es tan solo una ilusión. No hay evidencia fiable de ella y va en contra de todo lo que sabemos en ciencia. Creo que cuando morimos volvemos a ser polvo. Pero hay un sentido en aquello que vivimos, en nuestra influencia y en los genes que transmitimos a nuestros hijos. Tenemos esta única vida para apreciar el gran diseño del universo, y me siento extremadamente agradecido por ello.

¿CÓMO EMPEZÓ TODO?

Hamlet dijo: «Podría estar encerrado en una cáscara de nuez y considerarme rey de un espacio infinito». Creo que lo que quería decir es que, aunque los humanos somos físicamente muy limitados, particularmente en mi propio caso, nuestras mentes son libres de explorar todo el universo y de ir con valentía incluso hasta donde *Star Trek* teme pisar. ¿Es el universo realmente infinito, o tan solo muy grande? ¿Tuvo un comienzo? ¿Durará siempre más o solo mucho tiempo? ¿Cómo pueden nuestras mentes finitas comprender un universo infinito? ¿No resulta pretencioso incluso el hecho de intentarlo?

A riesgo de incurrir en el destino de Prometeo, que robó el fuego de los dioses para que lo utilizaran los humanos, creo que podemos y debemos tratar de entender el universo. Su castigo fue ser encadenado a una roca para toda la eternidad, aunque felizmente fue liberado por Hércules. Ya hemos hecho progresos notables en la comprensión del cosmos, aunque todavía no tenemos una imagen completa de él. Me gusta pensar que quizás no estemos muy lejos de conseguirla.

Según el pueblo de los Boshongo, de África central, al principio solo había la oscuridad, el agua y el gran dios Bumba. Un día Bumba, con dolor de estómago, vomitó el Sol. El Sol secó parte del agua, dejando al descubierto la tierra. Todavía dolorido, Bumba vomitó la Luna, las estrellas y luego algunos animales: el leopardo, el cocodrilo, la tortuga y, finalmente, el hombre.

Esos mitos de creación, como muchos otros, intentan responder las preguntas que todos nos formulamos. ¿Por qué estamos aquí? ¿De dónde venimos? La respuesta más habitual es que los humanos son de origen relativamente reciente porque es obvio que la especie humana va mejorando en conocimiento y tecnología. Por lo tanto, no puede haber existido desde hace mucho tiempo ya que si fuera así habría progresado mucho más aún. Por ejemplo, según el obispo Ussher, el libro del Génesis sitúa el principio del tiempo en el atardecer del 22 de octubre de 4004 a. C. a las seis de la tarde. En cambio, el entorno físico, como las montañas y los ríos, cambia muy poco en toda la vida de un humano. Por lo tanto, se pensaba que eran un fondo constante y que o bien existió desde siempre como un paisaje vacío, o bien fue creado al mismo tiempo que los humanos.

Sin embargo, no todos se sentían satisfechos con la idea de que el universo hubiera tenido un comienzo. Por ejemplo, Aristóteles, el más famoso de los filósofos griegos, creía que el universo tenía que haber existido siempre. Algo eterno es más perfecto que algo creado. Sugirió que la razón por la que vemos progreso es que se habían ido repitiendo inundaciones u otros desastres naturales, que hacían retroceder la civilización a sus orígenes. La motivación para creer en un universo eterno era el deseo de evitar invocar la intervención divina para crear el universo y ponerlo en marcha. En cambio, los que creían que el universo tuvo un comienzo, lo usaron como argumento para la existencia de Dios como primera causa, o primer motor, del universo.

Si uno creía que el universo tuvo un comienzo, las preguntas obvias eran: ¿Qué sucedió antes del comienzo? ¿Qué estaba haciendo Dios antes de hacer el mundo? ¿Estaba preparando el infierno para las personas que hicieran este tipo de preguntas? El problema de si el universo tuvo o no un comienzo constituyó una gran preocupación para el filósofo alemán Immanuel Kant. Constató que, tanto si lo hubiera tenido como si no, había contradicciones lógicas, o antinomias. Si el universo había tenido un comienzo, ¿por qué transcurrió un tiempo infinito antes de que comenzara? Llamó a eso la tesis. Por otro lado, si el universo había existido siempre, ¿por qué tardó un tiempo infinito en llegar a la etapa actual? Llamó a eso la antítesis. Tanto la tesis como la antítesis dependían del hecho de que Kant suponía, como casi todos los demás, que el tiempo era absoluto. Es decir, que el tiempo va de un pasado infinito a un futuro infinito independientemente de cualquier universo que haya podido existir o dejado de existir.

Esta sigue siendo la imagen en la mente de muchos científicos hoy en día. Sin embargo, en 1915 Einstein presentó su revolucionaria teoría general de la relatividad. En ella, el espacio y el tiempo no son absolutos ni son un fondo fijo en que se producen los acontecimientos sino magnitudes dinámicas cuya forma depende de la materia y la energía en el universo, y que tan solo están definidas dentro del universo, por lo cual no tiene sentido hablar de tiempo antes de que el universo comenzara. Eso sería como preguntar por un punto al sur del Polo Sur. No está definido.

Aunque la teoría de Einstein unificó el tiempo y el espacio, no nos dice mucho sobre el espacio en sí. Algo que parece obvio sobre el espacio es que sigue y sigue y sigue. No esperamos que el universo termine en una pared de ladrillos, aunque no hay ninguna razón lógica por la que ello no pueda ocurrir. No obstante, instrumentos modernos como el telescopio espacial Hubble nos permiten explorar profundamente en el espacio. Lo que vemos son centenares de miles de millones de galaxias, de diversas formas o tamaños. Hay galaxias elípticas gigantes y galaxias espirales como la nuestra. Cada galaxia contiene centenares de miles de millones de estrellas, muchas de las cuales tienen planetas a su alrededor. Nuestra propia galaxia bloquea nuestra visión en ciertas direcciones, pero, salvo eso, las galaxias se distribuyen aproximadamente de manera uniforme en el espacio, con algunas concentraciones y vacíos locales. La densidad del número de galaxias parece disminuir a distancias muy grandes, pero parece que es simplemente porque están tan lejos y se ven tan débiles que no podemos distinguirlas. Por lo que podemos decir, el universo se prolonga indefinidamente en el espacio, más o menos parecido a como es aquí.

Aunque el universo parece ser muy similar en cada posición en el espacio, definitivamente cambia en el tiempo. Esto no se observó hasta los primeros años del siglo pasado. Hasta entonces, se creía que el universo era esencialmente constante en el tiempo. Podría haber existido durante un tiempo infinito, pero eso parecía llevar a conclusiones absurdas. Si las estrellas hubieran estado radiando durante un tiempo infinito, habrían calentado el universo hasta su temperatura. Incluso por la noche, todo el cielo sería tan brillante como el Sol, porque cada línea de visión terminaría en una estrella o en una nube de polvo que se habría calentado hasta la temperatura de las estrellas. Entonces, la observación que todos hemos hecho de que el cielo por la noche es oscuro, es muy importante. Implica que el universo no puede haber existido siempre en el estado en que lo vemos hoy. Algo debe haber sucedido en el pasado para hacer que las estrellas se encendieran hace un tiempo finito. Así, la luz de las estrellas muy distantes no habría tenido tiempo de alcanzarnos todavía. Esto explicaría por qué el cielo nocturno no brilla en todas direcciones.

Si las estrellas hubieran estado ahí desde siempre, ¿por qué se iluminaron repentinamente hace unos cuantos miles de millones de años? ¿Qué reloj les indicó que había llegado la hora de brillar? Esto desconcertó a los filósofos que, como Immanuel Kant, creían que el universo había existido siempre. No obstante, para la mayoría de la gente, resultaba consistente con la idea de que el universo había sido creado como es ahora, hace solo unos pocos miles de años, como había concluido el obispo Ussher. Sin embargo, las discrepancias con esta idea comenzaron a aparecer con observaciones del telescopio de cientos de pulgadas del observatorio del Monte Wilson, en la década de 1920. Primero, Edwin Hubble descubrió que muchas manchas de luz muy tenues, llamadas nebulosas, eran de hecho otras galaxias, grandes colecciones de estrellas como nuestro Sol, pero a una gran distancia. Para que parezcan tan pequeñas y débiles, las distancias tenían que ser tan grandes que su luz habría tardado millones o incluso miles de millones de años hasta llegar a nosotros. Esto indicó que el comienzo del universo no podría haberse producido hace tan solo unos miles de años.

Pero la segunda cosa que descubrió Hubble resultó aún más notable. Mediante un análisis de la luz de las galaxias, Hubble pudo medir si se estaban acercando hacia nosotros o alejándose. Con gran sorpresa, descubrió que casi todas se estaban alejando. Además, cuanto más alejadas estaban, más rápidamente se alejaban. En otras palabras, el universo se está expandiendo. Las galaxias se están alejando las unas de las otras.

El descubrimiento de la expansión del universo fue una de las grandes revoluciones intelectuales del siglo XX. Fue una sorpresa total y cambió por completo la discusión sobre el origen del universo. Si las galaxias se están separando, deben haber estado más juntas en el pasado. A partir de la tasa actual de expansión, podemos estimar que debieron haber estado muy juntas hace de unos diez a unos quince mil millones de años. Parece, pues, que el universo podría haber comenzado en aquella época, con todo su contenido en el mismo punto en el espacio.

No obstante, muchos científicos discrepaban de la idea de que el universo hubiera tenido un comienzo, porque parecía implicar que la física dejaba de ser válida. Uno debería invocar a un agente externo, que a efectos prácticos podemos llamar Dios, para determinar cómo comenzó el universo. Por lo tanto propusieron teorías en las que el universo se estaba expandiendo en el presente, pero no había tenido comienzo. Una de ellas era la teoría del estado estacionario, propuesta por Hermann Bondi, Thomas Gold y Fred Hoyle en 1948.

En la teoría del estado estacionario, la idea era que a medida que las galaxias se separaban, iban apareciendo nuevas galaxias a partir de materia que, según se suponía, se iba creando continuamente en el espacio. El universo habría existido siempre y siempre habría tenido el mismo aspecto. Esta última propiedad tenía la gran virtud de ser una predicción concreta que podría ser sometida a observación. En la década de 1960, el grupo de radioastronomía de Cambridge, dirigido por Martin Ryle, hizo un amplio estudio de radiofuentes. Estas se distribuían de manera bastante uniforme en todo el cielo, lo que indica que la mayoría de las fuentes se encuentran fuera de nuestra galaxia. Las fuentes más débiles estarían más lejos, en promedio.

La teoría del estado estacionario predecía una relación entre la cantidad de fuentes y sus intensidades.

Pero las observaciones mostraron más fuentes débiles que las predichas, lo cual indica que la densidad de fuentes fue más alta en el pasado. Esto entraba en contradicción con la suposición básica de la teoría del estado estacionario de que todo permanecía constante en el tiempo. Por eso, y por otros motivos, la teoría del estado estacionario fue abandonada.

Otro intento de evitar que el universo hubiera tenido un comienzo fue la sugerencia de que había habido una fase previa de contracción, pero que, debido a la rotación y a las irregularidades locales, no todas las galaxias habrían coincidido en el mismo punto. Las diferentes galaxias habrían pasado unas al lado de otras, y el universo se habría vuelto a expandir con densidad siempre finita. De hecho, dos físicos rusos, Yevgueni Lifshits e Isaak Khalatnikov, afirmaron haber demostrado que una contracción general sin simetría exacta siempre conduciría a un rebote, con densidad siempre finita. Este resultado era muy conveniente para el materialismo dialéctico marxista-leninista porque evitaba preguntas incómodas sobre la creación del universo. Por lo tanto, se convirtió en un artículo de fe para los científicos soviéticos.

El comienzo de mi investigación en cosmología se produjo casi al mismo tiempo en que Lifshits y Khalatnikov publicaron su conclusión de que el universo no había tenido un comienzo. Me di cuenta de que esto era una cuestión muy importante, pero no me convencieron los argumentos que Lifshits y Khalatnikov habían usado.

Estamos acostumbrados a la idea de que los sucesos son causados por sucesos anteriores, que a su vez son causados por sucesos aún anteriores. Hay una cadena de causalidades que se remonta al pasado. Pero supongamos que esa cadena tiene un comienzo, supongamos que hubo un primer suceso. ¿Qué lo causó? Esta no era una pregunta que muchos científicos quisieran abordar. Intentaban evitarla, ya sea suponiendo, al igual que los rusos y los teóricos del estado estacionario, que el universo no tuvo comienzo, o sosteniendo que su origen no entra en el ámbito de la ciencia sino que corresponde a la metafísica o la religión. En mi opinión, ningún científico verdadero debería adoptar esa posición. Si las leyes de la ciencia quedan en suspenso al comienzo del universo, es posible que también fallen en otros momentos. Una ley no es una ley si solo se cumple a veces. Creo que deberíamos tratar de entender el comienzo del universo sobre la base de la ciencia. Puede ser una tarea más allá de nuestro alcance, pero al menos deberíamos intentarlo.

Roger Penrose y yo logramos probar teoremas geométricos que demostraban que si la teoría de la relatividad general de Einstein es correcta, y si se satisfacen ciertas condiciones razonables, el universo debe haber tenido un comienzo. Es difícil discutir con un teorema matemático, por lo que al final Lifshits y Khalatnikov admitieron que el universo debería haber tenido un comienzo. Aunque la idea de un principio del universo no fuese bienvenida por las ideas comunistas, nunca se permitió que la ideología se interpusiera en el camino de la física. La física era necesaria para la bomba, y era importante que funcionara. En cambio, la ideología soviética impidió el progreso en biología al negar la verdad de la genética.

Aunque los teoremas que Roger Penrose y yo demostramos pusieron de manifiesto que el universo tuvo que tener un comienzo, no dieron mucha información sobre la naturaleza de dicho comienzo. Indicaban que el universo comenzó en el Big Bang, un instante en que todo el universo, y todo su contenido, se comprimió en un único punto de densidad infinita, una singularidad del espacio-tiempo. En este punto, la teoría de la relatividad general de Einstein habría dejado de ser válida. Por lo tanto, no podemos usarla para decir cómo comenzó el universo. El origen del universo, pues, parece quedar fuera del alcance de la ciencia.

La evidencia observacional para confirmar la idea de que el universo tuvo un comienzo muy denso llegó en octubre de 1965, unos meses después de mi primer resultado sobre la singularidad, con el descubrimiento de un tenue fondo de microondas en el espacio. Esas microondas son las mismas que las de los hornos de microondas, pero mucho menos potentes. Calentarían una pizza tan solo a 270,4 grados Celsius bajo cero, lo cual no es muy adecuado para descongelarla, y mucho menos para cocinarla. Podemos observar esas microondas sintonizando el televisor en un canal vacío. Un pequeño tanto por ciento de la nieve que vemos en la pantalla es debido a ese fondo de microondas. La única interpretación razonable del fondo es que es la radiación remanente de un estado temprano muy caliente y denso. A medida que el universo se expandió, la radiación se habría enfriado hasta reducirse al tenue remanente que actualmente observamos.

Que el universo hubiera comenzado con una singularidad no era una idea que me gustara, ni a mí ni a muchos otros. La razón por la que la relatividad general de Einstein dejaba de ser válida cerca del Big Bang era que se trata de lo que llamamos una teoría clásica. Es decir, suponía implícitamente lo que parece obvio por el sentido común: que cada partícula tiene una posición y una velocidad bien definidas. En una teoría clásica así, si conociéramos simultáneamente las posiciones y las velocidades de todas las partículas del universo, podríamos calcular dónde estarían en cualquier otro momento, pasado o futuro. Sin embargo, a principios del siglo XX, los científicos descubrieron que no podían calcular exactamente lo que sucedería a distancias muy cortas. No era solo que se necesitaran mejores teorías. Parece que en la naturaleza hay un cierto nivel de aleatoriedad o incertidumbre, que no se puede eliminar por muy buenas que sean las teorías. Eso se puede resumir en el Principio de Incertidumbre, formulado en 1927 por el científico alemán Werner Heisenberg. No es posible predecir con exactitud tanto la posición como la velocidad de una partícula. Cuanto más exactamente se predice la posición, con menor precisión se podrá predecir la velocidad, y viceversa.

Einstein objetó fuertemente la idea de que el universo está gobernado por el azar. Sus sentimientos fueron resumidos en su famoso dicho «Dios no juega a los dados». Pero todas las evidencias apuntan a que Dios es un buen jugador. El universo es como un casino gigante con dados o ruletas rodando. El propietario de un casino corre el riesgo de perder dinero cada vez que se lanza un dado o se hace girar una ruleta. No obstante, en un gran número de apuestas, las probabilidades promedian y el propietario del casino se asegura de que promedien a su favor. Por eso los dueños de casinos son tan ricos. La única posibilidad que tiene de ganar contra ellos es apostar todo su dinero en unos pocos lanzamientos de dados o vueltas de ruleta.

Lo mismo ocurre con el universo. Cuando el universo es grande, hay una gran cantidad de lanzamientos de dados y los resultados promedian a algo que podemos predecir. Pero cuando el universo es muy pequeño, cerca del Big Bang, solo hay una pequeña cantidad de lanzamientos de dados, y el Principio de Incertidumbre resulta muy importante. Para entender el origen del universo, por lo tanto, tenemos que incorporar el Principio de Incertidumbre en la teoría general de la relatividad de Einstein. Este ha sido el gran desafío en física teórica en los últimos treinta años. Todavía no lo hemos resuelto, pero hemos progresado mucho.

Supongamos ahora que intentamos predecir el futuro. Como solo conocemos cierta combinación de la posición y la velocidad de una partícula, no podemos efectuar predicciones precisas acerca de sus posiciones y velocidades futuras. Solo podemos asignar una probabilidad a combinaciones particulares de posiciones y velocidades. Por lo tanto, hay una cierta probabilidad de un futuro particular de nuestro universo. Pero ahora supongamos que intentamos comprender el pasado de la misma manera.

Dada la naturaleza de las observaciones que podemos llevar a cabo hoy, todo lo que podemos hacer es asignar una probabilidad a una historia particular del universo. Así el universo debe tener cada historia posible, cada una con su propia probabilidad. Debe haber una historia del universo en que Inglaterra vuelve a ganar la Copa del Mundo, aunque tal vez la probabilidad sea baja. La idea de que el universo tiene múltiples historias puede parecer ciencia ficción, pero es ahora aceptada como hecho científico. Es debida a Richard Feynman, que trabajó en el eminentemente respetable Instituto de Tecnología de California, y tocaba a veces los tambores de bongo en un local de carretera. La idea en que se basa el enfoque de Feynman a cómo funcionan las cosas consiste en asignar una probabilidad particular a cada historia. Funciona espectacularmente bien para predecir el futuro, de manera que creemos que también funciona para explorar el pasado.

Actualmente, los científicos están trabajando para combinar la teoría de la relatividad general de Einstein y la idea de Feynman de historias múltiples en una teoría unificada completa que describa todo lo que sucede en el universo. Esa teoría unificada nos permitirá calcular cómo evolucionará el universo, si conocemos su estado en un momento dado. Pero la teoría unificada en sí no dice cómo comenzó el universo, ni cuál fue su estado inicial. Para eso, necesitamos las denominadas condiciones de frontera, que nos dicen lo que sucede en las fronteras del universo, los bordes del espacio y del tiempo. Pero si la frontera del universo fuera un punto normal de espacio y tiempo, podríamos traspasarlo y reclamar el territorio de más allá como parte del universo. Por otro lado, si el límite del universo estuviera en un borde irregular donde el espacio o el tiempo se arrugaran y la densidad se hiciera infinita, sería muy difícil definir condiciones de frontera significativas.

No obstante, Jim Hartle, de la Universidad de California (Santa Bárbara), y yo nos dimos cuenta de que había una tercera posibilidad. Tal vez el universo no tiene límite en el espacio y el tiempo. A primera vista, esto parece estar en contradicción directa con los teoremas geométricos que mencioné antes, que muestran que el universo debe haber tenido un comienzo, un límite en el tiempo. Sin embargo, para hacer que las técnicas de Feynman resulten matemáticamente bien definidas, los matemáticos desarrollaron un concepto denominado tiempo imaginario. Tiene poco que ver con el tiempo que experimentamos. Es un truco matemático para lograr que los cálculos funcionen y reemplaza el tiempo real que experimentamos. Nuestra idea fue decir que no había frontera en el tiempo imaginario. Llamamos a esta propuesta «ausencia de fronteras».

Si la condición de frontera del universo es que no tiene fronteras en el tiempo imaginario, no tendrá una única historia. Hay muchas historias en el tiempo imaginario y cada una de ellas determina una historia en el tiempo real. Por lo tanto, tenemos una gran abundancia de historias para el universo. ¿Qué distingue una historia particular, o el conjunto de historias en que vivimos, del conjunto de todas las historias posibles del universo?

Un punto que podemos notar es que muchas de esas posibles historias del universo no pasan por la secuencia de formación de galaxias y estrellas, algo que fue esencial para nuestro propio desarrollo. Es posible que seres inteligentes puedan evolucionar sin galaxias y estrellas, pero parece poco probable. Así que el hecho de que existamos como seres que pueden hacerse la pregunta «¿Por qué el universo es como es?» es una restricción sobre la historia en que vivimos. Implica que es una de la minoría de historias que contienen galaxias y estrellas. Este es un ejemplo de lo que se conoce como principio antrópico. El principio antrópico dice que el universo tiene que ser más o menos como lo vemos, porque si fuera diferente no habría nadie para observarlo.

A muchos científicos les desagrada el principio antrópico, porque les parece poco preciso y sin mucho poder predictivo. Pero el principio antrópico puede recibir una formulación precisa, y parece esencial cuando se considera el origen del universo. La teoría M, que es nuestro mejor candidato para una teoría unificada completa, permite un gran número de historias posibles del universo. La mayoría de esas historias son bastante inadecuadas para el desarrollo de vida inteligente: o están vacías, o duran demasiado poco, o están demasiado curvadas, o fallan de alguna otra manera. Sin embargo, según la idea de múltiples historias de Richard Feynman, esas historias deshabitadas pueden tener una probabilidad bastante alta.

Realmente no nos importa cuántas historias pueda haber que no contengan seres inteligentes. Solo nos interesa el subconjunto de historias en que se desarrolla vida inteligente. La vida inteligente no tiene por qué ser como los humanos. Pequeños hombres verdes también podrían serlo. De hecho, podrían hacerlo mejor: nuestra especie humana no tiene un gran historial en comportamiento inteligente.

Como ejemplo del poder del principio antrópico, consideremos el número de direcciones en el espacio. Es una experiencia común que vivimos en un espacio tridimensional. Es decir, podemos representar la posición de un punto en el espacio mediante tres números, por ejemplo latitud, longitud y altura sobre el nivel del mar. Pero ¿por qué el espacio es tridimensional? ¿Por qué no hay dos, cuatro o algún otro número de dimensiones, como en ciencia ficción? De hecho, en la teoría M el espacio tiene diez dimensiones, pero se cree que siete de ellas están curvadas sobre sí mismas con un radio muy pequeño, dejando tres direcciones grandes y casi planas. Es como una paja de beber: la superficie de una paja es bidimensional, pero una dirección está acurrucada en un círculo pequeño de modo que, de lejos, la paja parece una línea unidimensional.

¿Por qué no vivimos en una historia en que ocho dimensiones estén acurrucadas, dejando solo dos dimensiones extensas? En un animal bidimensional la digestión sería un trabajo difícil. Si tuviera un intestino que lo atravesara, como nosotros, lo dividiría en dos y la pobre criatura se derrumbaría. Así que dos direcciones extensas son insuficientes para una cosa tan complicada como la vida inteligente. Hay algo especial respecto de las tres dimensiones espaciales. En tres dimensiones, los planetas pueden tener órbitas estables alrededor de las estrellas. Es una consecuencia de que la gravitación obedezca la ley del inverso de los cuadrados, tal como descubrió Robert Hooke en 1665 y desarrolló Isaac Newton. Pensemos en la atracción gravitatoria entre dos cuerpos separados una cierta distancia. Si dicha distancia se duplica, la fuerza se divide por cuatro; si la distancia se triplica, la fuerza se divide por nueve; si se cuadruplica, la fuerza se divide por dieciséis, y así sucesivamente. Eso conduce a órbitas planetarias estables. Pensemos ahora en un universo de cuatro dimensiones espaciales. En él, la gravitación obedecería una ley del inverso de los cubos. Si la distancia entre dos cuerpos se duplicara, la fuerza se dividiría por ocho; si se triplicara, se dividiría por veintisiete; si se cuadruplicara, se dividiría por sesenta y cuatro. Este cambio, una ley del inverso de los cubos, impediría que los planetas tuvieran órbitas estables alrededor de sus soles. O bien caerían a su sol, o escaparían a la oscuridad y frío exteriores. Del mismo modo, las órbitas de los electrones en los átomos no serían estables, así que no existiría la materia tal como la conocemos. Por lo tanto, aunque la idea de historias múltiples permitiría cualquier número de direcciones extensas, únicamente historias con tres direcciones extensas contendrán seres. Solo en tales historias se formulará la pregunta «¿Por qué el espacio tiene tres dimensiones?».

Una característica notable del universo que observamos es el fondo de microondas descubierto por Arno Penzias y Robert Wilson. Es esencialmente un remanente fósil de cuando el universo era muy joven. Ese fondo es casi el mismo independientemente de la dirección en que lo observemos. Las diferencias entre las diferentes direcciones son menores que una parte en 100.000. Esas diferencias son increíblemente diminutas y necesitan alguna explicación. La explicación generalmente aceptada de esa homogeneidad es que en épocas muy tempranas el universo experimentó un período de expansión muy rápida, en que creció en un factor de mil billones de billones. Ese proceso se deno-

¿Qué había antes del Big Bang?

Según la propuesta de ausencia de fronteras, preguntar lo que había antes del Big Bang carece de sentido —es como preguntar qué hay al sur del Polo Sur— porque no hay noción de tiempo a la que nos podamos referir. El concepto de tiempo solo existe en el universo.

mina inflación, algo que fue bueno para el universo, a diferencia de lo que ocurre con la inflación de los precios que tan a menudo nos agobia. Si eso fuera todo, la radiación de microondas sería completamente idéntica en todas direcciones. Así pues, ¿de dónde proceden esas diminutas discrepancias?

A principios de 1982, escribí un artículo proponiendo que esas diferencias surgieron de las fluctuaciones cuánticas durante el período inflacionario. Las fluctuaciones cuánticas tienen lugar como consecuencia del Principio de Incertidumbre. Además, dichas fluctuaciones fueron las semillas de las estructuras de nuestro universo, de las estrellas de las galaxias y de nosotros mismos. Esa idea es básicamente el mismo mecanismo que la llamada radiación Hawking del horizonte de los agujeros negros, que predije una década antes, excepto que ahora proviene del horizonte cosmológico, la superficie que divide el universo entre la parte que podemos observar y la que no podemos observar. Aquel verano celebramos un congreso en Cambridge, al que asistieron todas las principales figuras en dicho campo. En esa reunión, establecimos la mayor parte de la imagen actual de la inflación, incluidas las importantes fluctuaciones de densidad, que dan lugar a la formación de galaxias, y a nuestra existencia. Diversas personas contribuyeron a la respuesta final. Eso fue diez años antes de que las fluctuaciones en el fondo cósmico de microondas fueran descubiertas por el satélite COBE en 1993, por lo que la teoría iba muy por delante de los experimentos.

La cosmología se convirtió en una ciencia de precisión diez años más tarde, en 2003, con los primeros resultados del satélite WMAP. El WMAP produjo un mapa maravilloso de la temperatura del fondo cósmico de microondas, una instantánea del universo cuando tenía solo 400.000 años. Las irregularidades que se observan son las predichas por la inflación, y significan que algunas regiones del universo tenían una densidad ligeramente más alta que otras. La atracción gravitatoria de la densidad adicional ralentiza la expansión de esa región, y puede hacer que acabe por colapsarse formando galaxias y estrellas. Así que observe con atención el mapa del cielo de microondas: es el anteproyecto de toda la estructura en el universo. Somos un producto de las fluctuaciones cuánticas del universo muy temprano. Dios realmente juega a los dados.

El satélite WMAP ha sido sustituido por el satélite Planck, con un mapa del universo de resolución mucho más alta. El satélite Planck está poniendo a prueba nuestras teorías muy seriamente, e incluso puede detectar la impronta de las ondas gravitatorias predichas por la inflación. Esto sería la gravedad cuántica escrita en el cielo.

Puede haber otros universos. La teoría M predice que se crearon muchos universos de la nada, correspondientes a las diferentes historias posibles. Cada universo tiene muchas historias posibles y muchos estados posibles en tiempos ulteriores, es decir, en instantes como el presente, muy posteriores a su creación. La mayoría de esos estados serán bastante diferentes del universo que observamos.

Todavía hay esperanza de que veamos la primera evidencia de la teoría M en el acelerador de partículas LHC en Ginebra. Desde la perspectiva de la teoría M solo detecta bajas energías, pero podríamos estar de suerte y ver una señal más débil de la teoría fundamental, como la supersimetría. Pienso que el descubrimiento de socios supersimétricos de las partículas ya conocidas revolucionaría nuestra comprensión del universo.

En 2012, fue anunciado el descubrimiento del bosón de Higgs en el Gran Colisionador de Hadrones LHC del CERN en Ginebra. Fue el primer descubrimiento de una nueva partícula elemental en el siglo XXI. Todavía hay alguna esperanza de que el LHC descubra la supersimetría. Pero incluso si el LHC no descubre ninguna nueva partícula elemental, la supersimetría todavía podría ser hallada en la próxima generación de aceleradores que actualmente están siendo planeados.

El comienzo del universo en el Big Bang caliente es el laboratorio definitivo de altas energías para poner a prueba la teoría M y nuestras ideas sobre los bloques constituyentes del espacio-tiempo y de la materia. Diferentes teorías dejan huellas diferentes en la estructura actual del universo, por lo cual los datos astrofísicos pueden darnos pistas acerca de la unificación de todas las fuerzas de la naturaleza. Así que bien puede haber otros universos, pero desgraciadamente nunca podremos explorarlos.

Hemos visto algunas cosas sobre el origen del universo. Pero eso deja dos grandes preguntas. ¿Se acabará el universo? ¿El universo es único?

¿Cuál será el comportamiento futuro de las historias más probables del universo? Ahí parece haber varias posibilidades compatibles con la aparición de seres inteligentes. Dependen de la cantidad de materia en el universo. Si se supera una cierta cantidad crítica, la atracción gravitacional entre las galaxias ralentizará su expansión.

Al final, comenzarán a caer las unas hacia las otras y todas se unirán en una Gran Implosión o Big Crunch, que será el final de la historia del universo, en el tiempo real. Cuando estaba en el Lejano Oriente me pidieron que no mencionara el Big Crunch, por el efecto que pudiera tener en los mercados. Pero los mercados se colapsaron, así que tal vez la historia se produjo, en cierta manera. En Gran Bretaña, la gente no parece demasiado preocupada por un posible fin, situado a unos veinte mil millones de años en el futuro. Se puede comer y beber mucho y ser feliz, antes de eso.

Si la densidad del universo está por debajo del valor crítico, la gravedad es demasiado débil para impedir que las galaxias se sigan separando siempre más. Todas las estrellas se consumirán y el universo se irá quedando más y más vacío, y más y más frío. Entonces, de nuevo, las cosas llegarán a su fin, pero en una forma menos dramática. Aun así, nos quedan algunos miles de millones de años por delante.

En esta respuesta he tratado de explicar algo sobre los orígenes, el futuro y la naturaleza de nuestro universo. En el tiempo imaginario, comenzó como una esfera pequeña y ligeramente aplanada, bastante parecida a la cáscara de nuez con la que comencé el capítulo. Sin embargo, dicha cáscara codifica todo lo que sucede en el tiempo real. Así pues, Hamlet tenía razón. En pocas palabras, podemos estar confinados en una cáscara de nuez sin dejar de considerarnos reyes de un espacio infinito.

Descubre la biblioteca Stephen Hawking: